ANLEITUNG ZUM GEBRAUCH
DES
ZWEISKALEN- UND DREISKALEN- RECHENSCHIEBERS

MIT KURZEM ANHANG ÜBER DEN
ELEKTRO-SCHIEBER

VON

DIPL.-ING. FELIX GOLDMANN
ASSISTENT AN DER TECHNISCHEN HOCHSCHULE MÜNCHEN

MIT 8 ABBILDUNGEN IM TEXT

MÜNCHEN UND BERLIN 1923
DRUCK UND VERLAG VON R. OLDENBOURG

www.ingramcontent.com/pod-product-compliance
Lightning Source LLC
Chambersburg PA
CBHW022310240326
41458CB00164BA/816